CALENDRIER HORTICOLE

POUR LE MIDI DE LA FRANCE

et

TAILLE PRÉCOCE DES ARBRES FRUITIERS

ET DE LA VIGNE

CALENDRIER

HORTICOLE

pour

LE MIDI DE LA FRANCE

TAILLE PRÉCOCE DES ARBRES FRUITIERS

ET DE LA VIGNE

SON AVANTAGE CONTRE LES GELÉES TARDIVES SOUS LE

RAPPORT DE LA FRUCTIFICATION

par

A. DUMAS

JARDINIER CHEF A LA FERME-ÉCOLE DE BAZIN (GERS)

Membre de la Société d'Agriculture et d'Horticulture du Gers
Membre titulaire de la Société Impériale et Centrale et du Congrès Pomologique
d'Horticulture de France

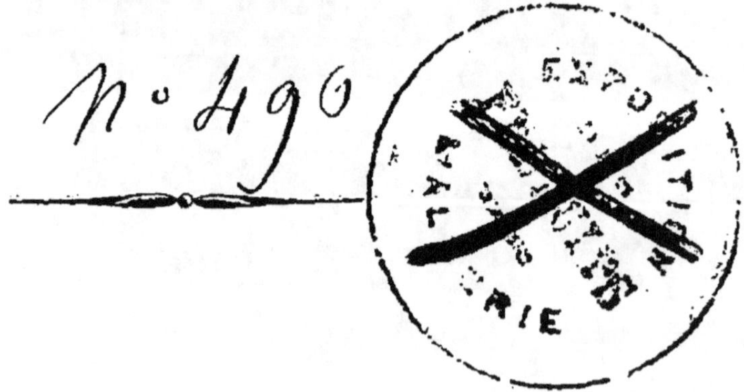

LECTOURE

IMPRIMERIE J. ORIACOMBE, RUE IMPÉRIALE

—

1867

AVIS DE L'AUTEUR.

C'est pour répondre aux désirs souvent exprimés par des membres de notre Société d'Agriculture du Gers et d'autres personnes honorables du midi, que je livre au public, un Manuel journalier ou Calendrier horticole des travaux, semis et plantations à faire, jour par jour, dans un jardin potager bien conduit.

Si ce petit livre peut opérer quelque bien dans nos contrées méridionales, je serai heureux, ma seule ambition étant de contribuer, dans la mesure de mes forces, au progrès de l'horticulture et de faire apprécier les ressources et les richesses de notre sol.

A. Dumas.

CALENDRIER HORTICOLE

POUR

LE MIDI DE LA FRANCE

Nous sommes heureux de constater que l'horticulture a fait dans nos contrées des progrès marquants, et que chacun sent le besoin de posséder des légumes, des fruits, des fleurs qui rendent la vie de nos campagnes si intéressante et si douce. Rien, en effet, n'est beau comme les produits vivants de la nature ou se reflètent si bien la puissance et la bonté paternelle du Divin Créateur.

Mais, pour jouir des immenses avantages procurés par l'horticulture, il faut, ne pas se poser en simple admirateur, mais, comme dans toutes les branches de l'industrie, l'étudier, la comprendre et agir. La Ferme-Ecole de Bazin est appelée à rendre les plus grands services dans nos contrées, au point de vue de l'horticulture. Ce qui le prouve, ce sont les résultats déjà obtenus et les nombreuses demandes d'élèves jardiniers pour les châteaux de nos contrées et les Fermes-Écoles de la région. Ces demandes augmentent encore et il en sera longtemps ainsi, car on sentira chaque jour d'avantage, le besoin d'un bon jardinier, non seulement pour les maisons opulentes, mais pour toute localité, pour tout hameau.

Qui ne conçoit, en effet, de quelles ressources on se prive par une coupable inertie et tout ce qu'il y a de richesses dans un lambeau de terre bien cultivé.

Le jardinage, bien conduit procure toujours l'aisance, et même une petite fortune, aux personnes laborieuses qui l'entreprennent. Les jardiniers de Lectoure l'ont bien compris. Aussi, voit-on ces hommes intrépides franchir une distance de 70 à 80 kilomètres, avec un cheval et une jardinière et vendre toutes sortes de légumes, à un prix très rémunérateur, aux nombreuses localités privées de jardins maraîchers.

Cet état de choses nous montre, une fois de plus, l'immense avantage d'avoir un bon jardinier dans les châteaux, qui, par ce moyen, auraient à point nommé les fruits et les légumes dont forcément ils se privent tous les jours. L'excédant de la consommation, vendu avantageusement, serait encore une précieuse ressource pour les braves populations de nos campagnes qui, souvent ne connaissent les légumes que de nom.

Je crois faire plaisir à mes lecteurs en leur donnant la note des recettes et dépenses du jardin et de la pépinière de la Ferme-École, année 1866.

On pourra se faire ainsi une juste idée des avantages que peuvent procurer partout les produits maraîchers.

	POTAGER	RECETTES		DÉPENSES	
		fr.	c.	fr.	c.
	Légumes vendus sur la place à Lectoure	1,120	35		
	Id. fournis l'Établissement. . .	1,154	20		
421	Journées des élèves, à 1 franc l'une			421	
	Engrais employé au jardin. . .			180	
	Frais dépenses s'élevant à. . .			601	
	Reste, bénéfice net	1,673	55		
	PÉPINIÈRES				
	Ventes d'arbres s'élevant à.	2,715	40		
707	Journées des élèves à 1 franc l'une.			707	
	Achats de plants ou frais divers			434	75
	Dépenses à déduire s'élevant à			1,141	75
	Reste, bénéfices réunis des pépinières et du potager . .	3,247	20		
	Ce qui donne, en moy^{ne}, pour chaque jardinier 811 fr. 20 c.				

Nous avons régulièrement six élèves aux jardins, mais le temps perdu pour les travaux de la Ferme, le service et les permissions, réduit ce nombre à quatre. Toute mon ambition en formant ces jeunes gens aux travaux pratiques du jardinage est d'être utile à nos contrées. Aussi, mon premier soin, dans l'intérêt des élèves, comme dans celui des propriétaires, est-il de leur inspirer, avant tout : l'amour du travail et de leur état, vraies garanties de succès.

Jusqu'à ce jour je n'ai eu qu'à me féliciter des bons résultats que j'ai obtenus. Aussi, qu'on me permette un mot sur quelques-uns des jeunes gens qui continuent leur carrière de jardiniers ; la droite justice et la franche amitié que je leur ai vouées me forcent de leur payer ce petit tribut.

1° FRONTON (de Samatan) arriva à la Ferme-École avec des connaissances bien bornées, mais l'intelligence dont il était doué et un goût prononcé pour l'horticulture, en firent en peu de temps un ouvrier hors ligne. Après trois ans d'apprentissage, nous ayant manifesté le désir d'aller voir la capitale, il fut placé par nous, sous la haute direction du savant M. Carrière, au Muséum d'Histoire naturelle, où il entra le 13 octobre 1862. Le 23 mars suivant, M. Carrière m'écrivait : « Vous n'avez aucun remercîment à m'adresser au sujet de Fronton ; je suis assez payé si j'ai pu lui être utile. Sous tous les rapports il mérite qu'on s'intéresse à lui : c'est un charmant sujet, bon ouvrier, doux, soumis et désirant beaucoup s'instruire. Je ne doute pas qu'il arrive à se faire une position, il en est digne, et du reste il travaille pour cela, je souhaite qu'il réussisse. » De pareils renseignements donnés par un tel homme, n'ont guère besoin de commentaire.

Deux ans plus tard, M. Du Peyrat, directeur de la Ferme-École des Landes, nous demandant un élève pour être jardinier-chef de son établissement, nous lui envoyâmes Fronton, sûrs d'avance du succès, et je ne fus point déçu dans mon espoir. Le compte-rendu de la Ferme-École des Landes faisait son éloge en deux mots : « Nous avons eu à regretter la perte du chef jardinier, Fronton (François), qui nous a quittés pour se mettre à la tête d'une grande propriété du Gers ; ce jeune homme est un sujet remarquable par sa capacité, comme par sa conduite. »

Fronton a été arraché à M. Du Peyrat par la famille Troyes, de Samatan, qui a voulu se l'attacher, sûre de trouver en lui la capacité et le dévouement dont ses parents avaient toujours fait preuve.

2° ROUX (d'Auch) nous arrive le 1er octobre 1862 avec toutes les allures d'un vrai citadin. C'était un ouvrier imprimeur, dont les mains délicates habituées au maniement des papiers, semblaient peu faites pour manier les gros outils du jardinage.

La transition subite de sa première profession à la seconde, jointe à ma terrible habitude de les pousser dur et fort à la besogne en commençant, ne pouvait manquer de lui être sensible ; mais son heureuse intelligence et le désir bien arrêté de se créer une position autre que celle qu'il abandonnait le firent persévérer avec une constance vraiment digne d'éloges.

Un an après son entrée à Bazin c'était un excellent ouvrier, et il ne s'est jamais démenti. Son temps expiré, nous le donnâmes à M. Du Peyrat, pour remplacer Fronton, sûrs, qu'il n'aurait que des éloges à nous en donner.

3° LAMARQUE (de Montréal, Condom) est jardinier depuis 4 ans chez M. le comte de la Roque Ordan, président de la Société d'Agriculture et d'Horticulture du Gers. Les éloges que M. le comte nous en a faits plusieurs fois prouvent tout en sa faveur.

Mais, c'est à l'œuvre qu'il faut considérer l'ouvrier, au Concours départemental de la Société d'Agriculture, en septembre 1865, alors qu'une chaleur exceptionnelle avait désolé les jardins du Gers, Lamarque exposait une collection variée de produits maraîchers vraiment énormes. On y remarquait une courge de 85 kilog. 500 et plusieurs autres d'un poids approchant, des betteraves, carottes, oignons, cardons, céleri, tétragone, choux, melons, aubergines, radis; le tout hors ligne. C'est ici, lecteur, que je suis fier de reconnaître les élèves jardiniers de Bazin que rien ne décourage, mais qui demandent à la vigueur de leurs bras les ressources dont les prive la température.

Voilà comment je les veux.

4° DUFRAICHOU (de St-Médard, Mirande) a quitté la Ferme-École depuis six ans. Ce jeune homme, que sa belle position de fortune mettrait à l'abri de toutes sollicitations pour son avenir, contribue puissamment au progrès de l'Horticulture, en employant tout le temps dont il peut disposer, à la taille des arbres fruitiers et aux tracés de jardins anglais chez les riches propriétaires des environs de Mirande.

5° VIDAL (de Catonvielle Cologne, Gers) était placé chez M. Thélière, à Montauban, où il est demeuré trois ans, à la grande satisfaction de ses maîtres. Mais le sort le destinait à servir sa patrie sur un théâtre moins modeste. Vidal a donc quitté la bêche pour l'épée, et j'ose certifier que le laborieux jardinier sera aussi le soldat intrépide et vaillant.

6° DARBON (de Rieucazé près St-Gaudens, Haute-Garonne) est rentré chez lui dans le dessein de se créer un jardin potager et fruitier pour la vente de fruits et légumes aux contrées environnantes. Il a quitté la Ferme-École, emportant, comme récompense de ses travaux, la prime d'honneur accordée chaque année, par M. le Ministre, à l'élève le plus méritant. Il se rendra, nous l'espérons, toujours digne de la haute distinction qu'il a obtenue; nous en avons pour garants, une rare intelligence et l'ensemble d'une conduite irréprochable.

7° FONTAN (de Castelnau-d'Auzan, Condom) est jardinier chez M. Dauphole, au château de Montaut, près Montréal. Une heureuse intelligence et un goût prononcé pour l'Horticulture le feront bientôt apprécier de ses maîtres, et disons-le aussi, envier des châteaux environnants. La persévérance va lui assurer de grands succès.

8° DARBON et FONTAN, (qui étaient cette année encore à Bazin) ont remporté le premier prix pour la taille des arbres fruitiers, lors du Concours départemental à Lectoure en septembre 1866. Ce Concours de taille, dû à l'initiative de M. Destieux, maire d'Auch, et institué par la Société d'Agriculture du Gers en 1865, n'avait point été prévu; les membres du Jury, à qui cette institution est appelée à rendre les plus grands services, sont à peu prés, par leur position, novices en cette partie; ce qui prouve le besoin de faire professer la taille dans tout le département.

Je ne puis, on le conçoit, parler des élèves que j'ai encore à Bazin, mais leur tour viendra s'ils le méritent. Je serais trompé et bien peiné, s'ils ne le méritaient pas.

JANVIER

Potager. — On fait dans ce mois les gros travaux d'hiver, tels que défoncements pour les arbres fruitiers, les asperges, les artichauts, les courges, les pommes de terre. On laboure et on fume tous les carrés vides, afin d'exposer la terre, le plus longtemps possible avant la semence, aux agents athmosphériques qui la fertilisent et la rendent conséquemment plus propre à toutes cultures. Il faut aussi n'attendre jamais au printemps pour faire les labours : c'est un mauvais système qui empêche toujours la réussite des semis. A la Ferme-École, nous les exécutons ordinairement en octobre et novembre. Passé cette époque, il ne nous est guère possible de faire ces genres de travaux, vu la mauvaise exposition de nos jardins.

Il faut aussi, malgré la saison d'hiver, entretenir la plus grande propreté autour de l'habitation des maîtres ; refaire ou changer les allées, et réparer par le moyen du sable ou du gravier, celles qui en ont besoin.

Lorsque quelques journées mauvaises empêchent de travailler dehors, il convient d'employer ce temps à commencer les paillassons, réparer les coffres et vitrer les chassis. Un jardinier doit s'entendre à toutes ces choses et n'avoir pas besoin d'une main étrangère. Sa conscience lui fait un devoir de prendre à cœur les intérêts de ses maîtres. Il doit par conséquent ne leur occasionner jamais de dépenses superflues.

Semis. — Lorsque le temps le permet, on sème dans une terre légère et sèche, des carottes courtes, des radis hâtifs, des laitues romaines, des oignons, des choux en petite quantité, ayant soin de couvrir le semis d'une légère couche de terreau pailleux, pour les gelées. Lorsque le semis de carottes et de radis a bien levé, il faut, pour le préserver des fortes gelées, le couvrir, en outre, pendant la nuit, de paillassons, pailles, vieux linges, faire enfin son possible pour les conserver.

On peut semer, en bonne exposition, toute sorte de pois, même en quantité, si le temps est beau, afin de les avoir précoces et d'en tirer beaucoup d'argent.

Semis sur Couches. — On commence les couches, pour divers semis tels que melons, tomates, aubergines, si on veut les avoir précoces. C'est toujours le melon prescott qu'on met pour premier semis.

On peut aussi semer des pois, des haricots, des cornichons si l'on veut en forcer.

Arbres Fruitiers. — Hâter, autant qu'on le peut,

la plantation de tous les arbres fruitiers en général ; plus on les plante de bonne heure, mieux ils réussissent.

La taille des arbres fruitiers doit être, à cette époque, à peu près terminée partout si l'on veut obtenir de bons résultats, c'est-à-dire, avoir des arbres vigoureux, et du fruit en abondance. A la Ferme-École nous avons toujours grande abondance de fruits depuis que je pratique la taille en automne, ce qui me porte à recommander fortement aux jardiniers et aux propriétaires du Midi, la taille des arbres fruitiers en octobre, novembre et décembre au plus tard. Enlever les nids d'insectes nuisibles ; mettre stratifier les noyaux de pêches, amandes, prunes, cerises et aubépines.

Auvent. — Quoique nous soyons dans la région Sud-Ouest, si l'on a des pêchers en espalier, il faut les mettre à la fin du mois, pour être assuré du fruit chaque année. Le jour où je les pose à Bazin, je puis être assuré de deux choses : que les fruits réussiront et que les pêchers n'auront pas de cloque.

OBSERVATION.

Engrais. — Grand nombre de riches propriétaires du Midi m'ont écrit pour me demander ce qu'ils doivent faire pour donner de la vigueur à certains arbres verts (résineux), tels que cèdres, biota, cryptomeria, wellingtonia, magnolia.

Je réponds aujourd'hui, après grandes expériences sur ce sujet, que, pour obtenir une végétation luxuriante, il faut donner, en janvier, pour le plus tard, à tous ces arbres, grande quantité d'engrais liquides, tels que poudrette délayée ou purin (jus de fumier), et non pas mesquinement, comme si on craignait de les brûler (ce qui n'arrive jamais) (*), mais abondamment, largement. On dit souvent que l'argent est le nerf de la guerre, je puis bien dire ici que l'engrais est le nerf de l'agriculture. Avec de bons engrais tout est possible, du moins, l'on peut beaucoup ; sans leur secours on ne fait rien ou peu de chose.

Donc, ami lecteur, à tous ces arbres étiolés, rabougris, abondance d'engrais liquide, seul capable de les raviver par ses qualités fertilisantes, et vous serez étonné, je n'en doute pas, des résultats obtenus.

Serres et Orangerie. — Je ne parlerai guère de cette partie, car les serres sont très rares dans nos

---

(*) J'ai essayé plusieurs fois de faire périr un Cèdre du Liban en lui donnant des quantités considérables de *purin* et de *poudrette liquide* et j'ai été toujours heureux de constater que, plus je lui en donnais, plus il était vigoureux.

contrées, bien qu'elles soient le plus bel agrément de la campagne pendant la saison mauvaise. Je dirai seulement à ceux qui en possèdent quelques unes qu'il faut les tenir, en tout temps, et surtout en hiver, dans la plus grande propreté ; enlever avec soin les feuilles mortes ou pourries, donner de l'air si la température le permet ; ombrager la serre si le soleil est trop ardent, pour ne pas exposer les plantes à être brûlées ; les couvrir surtout lorsqu'une gelée est à craindre, et pour cela, ne pas craindre même de se lever la nuit pour entretenir, par le moyen du poêle, la chaleur nécessaire à la conservation des plantes.

L'orangerie ne réclame guère d'autres soins, sauf celui de biner fréquemment la terre des pots au lieu d'arroser.

—

FÉVRIER

TRAVAUX DE PLEINE TERRE

Potager. — On continue les travaux du mois précédent. Si le temps le permet, on active les travaux de pleine terre, tels que labours, défoncements pour toutes les cultures dont on a besoin. Si le temps est humide, on fait les fossés pour que l'eau n'arrive jamais au potager. On travaille aussi à arracher certaines haies, les tertres, les broussailles qui l'avoisinent, pour mettre les cultures en état de rendre le plus tôt possible leurs produits rémunérateurs.

Si le mauvais temps empêche de sortir, on s'occupe à réparer les outils, on continue les paillassons et tous les travaux intérieurs non achevés.

Semis. — Ils sont à peu près les mêmes que le mois précédent en y ajoutant ceux de pois, épinards, persil, poireaux, salsifis, scorsonères, romaines.

Plantations. — Dans une bonne exposition, on doit, à cette époque, planter des pommes de terre, asperges, artichauts, oignons, choux, fraisiers, échalottes, ciboules et tout ce qui ne craint pas trop la gelée.

Couches-Semis. — Les mêmes que le mois de janvier ; mais il faut avoir soin de les renouveler si l'on veut une quantité de certaines espèces, profiter d'un jour de soleil pour donner aux plants semés en janvier, un peu d'air pour faire grossir les plantes.

Sans cette précaution, on s'expose à les voir s'étioler et pourrir par l'humidité trop longtemps concentrée dans les coffres.

Repiquage. — Les melons, si l'on a fait une bonne couche, peuvent être repiqués à cette époque ; mais cette opération est difficile et demande de grandes précautions. Il faut, pour réussir, une certaine habitude (*).

Arbres fruitiers. — Si l'on est en retard pour la taille, la terminer le plus promptement possible, c'est-à-dire avant que la sève entre en pleine végétation, ce qui serait trop nuisible. Du reste, ami lecteur, laissez-moi vous répéter, dans vos intérêts, et d'après une longue expérience : je n'admets aucune taille au printemps ni pour arbres fruitiers, ni pour la vigne.

Tailler au printemps, c'est, selon moi, tailler contre la raison et paralyser la réussite des productions fruitières.

Il faut se hâter de palisser les arbres qui doivent l'être. Le retard rendrait l'opération difficile et même impossible à cause des bourgeons.

Il faut aussi, à cette époque, mettre de côté les greffons qui doivent être conservés pour greffes.

Pépinières. — On doit, dans ce mois, si on ne l'a pu avant, rebattre tous les sujets greffés en automne, faire les boutures de cognassier et de pruniers pour servir de plants l'année suivante, élaguer toutes les greffes d'un an qu'on veut con-

(*) Voir, pour la manière de procéder, ma *Culture Maraîchère* page 92.

server pour plein vent ét raboter celles qui ne promettent pas une belle végétation. Presser avec activité les défoncements destinés à pouvoir planter tout son plant dans ce mois.

Graines. — On doit visiter toutes ses graines et faire provision de celles qui manquent, quelque temps avant l'époque des semis et s'adresser, pour cela aux marchands consciencieux.

Je connais des marchands grènetiers, et de nos contrées, s'il faut l'avouer, qui vendent la graine de colza pour du *choux Milan frisé* et alléguer, pour excuses, aux plaintes qu'on leur en fait, que c'est la fécondation qui produit cela la même année . A-t-on jamais entendu de pareilles absurdités ! Je parle cependant par expérience, car j'ai été victime de cette fraude et mille autres jardiniers pourraient en dire autant. L'ignorance excuse certainement ces marchands, mais, peut-elle entrer en ligne de compte avec les intérêts du pauvre jardinier et du propriétaire qui voit par là ses espérances déçues et ses labeurs inutiles ?

Cette raison bien pesée m'a déterminé, à tous risques et périls, à créer chez moi, à Lectoure, rue Impériale, un magasin central de toutes sortes de graines, où tout le monde peut venir puiser avec la plus entière confiance, et sans craindre un vol fait à sa bourse par la mauvaise qualité des semences, et je suis vraiment heureux, de pouvoir, par ce moyen, être utile aux jardiniers et aux propriétaires de nos contrées.

MARS

TRAVAUX DE PLEINE TERRE

Potager. — Les travaux de ce mois sont nombreux et demandent une grande activité. Les labours doivent être finis et le fumier enterré partout pour n'avoir à songer qu'aux semis et aux plantations qui doivent absorber toute l'attention. On débutte les artichauts et on les débarrasse des œilletons nuisibles.

On travaille, dès les premiers jours du mois, les planches d'asperges avant qu'elles ne poussent ; on donne aux semis faits en janvier et février, les soins qu'ils réclament ; on travaille les ails, les échalottes, les laitues et romaines plantés en automne et l'on arrose ces premiers semis si le temps est sec, mais le matin, et pas le soir, par la crainte des gelées de la nuit. C'est aussi le moment de faire les bordures du potager, telles que oseilles, thym, etc,

Semis. — On sème dans ce mois une collection de toutes sortes de légumes de pleine terre tels que carottes (*), betteraves, radis, panais, poireaux, oignons, choux, pois, laitues, romaines, navets, salsifis, scorsonères, asperges, persil, cerfeuil, oseille et chicorée sauvage en place ou en bordures.

Il est des contrées, dans le midi, qui sèment aussi à cette époque la chicorée d'Italie et la scarolle.

Plantations. — On met en place les artichauts qui sont en pépinière depuis l'automne, les asperges, les pommes de terre. On commence aussi les grandes plantations de choux, salades de toutes sortes, de laitues et romaines qui sont toujours d'un grand débit à l'époque où elles arrivent. On ramasse et on soigne le fumier dont on doit faire les couches jusqu'à la fin mars.

Couches. — Continuer les semis de melons, aubergines, tomates, piments, tétragones ; mettre sur couches les patates, les ignames, bien que cette dernière plante ne soit pas d'un grand profit. Préparer les couches pour mettre les melons à la place où ils doivent mûrir. Si ces mêmes couches n'ont pas le degré de chaleur voulue, y remédier en refai-

---

(*) Grand nombre de propriétaires souffrent de ne pouvoir réussir leur semis de carottes ; eh bien ! je leur réponds du succès, s'ils suivent exactement les principes indiqués dans ma *culture maraîchère*, page 58.

sant les réchauds avec du bon fumier très frais.

OBSERVATION.

Lorsqu'on refait les réchauds, il faut avoir soin de tenir les coffres hermétiquement fermés, car, le carbonate d'ammoniaque, qui se dégage en abondance du fumier de cheval, suffirait pour asphyxier les melons encore tendres. Pour éviter le même inconvénient, on doit se garder de les pailler avec cet engrais à l'état frais. On conçoit que je parle ici des melons sur couches, ceux en pleine terre n'ont rien à craindre.

On taille les melons au fur et à mesure de leur développement et jusqu'à ce que les fruits soient noués à trois où quatre feuilles.

On repique le plant des tomates, sur couches pour la provision, et dans des caisses pour la vente.

Arbres fruitiers. — A cette époque la taille en est faite partout ; mais on doit alors surveiller le développement des bourgeons pour les diverses formes à donner. Si on s'aperçoit que quelque œil reste en retard, on doit obvier à cet inconvénient en forçant la sève à se porter plus abondamment vers les parties faibles, et cela au moyen de crans et incisions.

On éborgne les yeux inutiles ou mal placés, et on greffe en fente et en couronne.

Pépinières. — Continuer la plantation de cognassiers, pêchers, abricotiers, pruniers, poiriers, pommiers sur franc, doucins, paradis, Ste-Lucie.

Vers la fin du mois mettre en place les amandes et avoir soin, en les plantant, de pincer l'extrémité du pivot pour les faire ramifier.

On sème aussi, en planches, et très épais, les noyaux de pêchers, pruniers, cerisiers, abricotiers, Ste-Lucie, et les pepins de pommiers, poiriers et aubépines.

Jardin d'agrément. Fleurs. — On ne doit pas oublier, en faisant les semis et plantations de toute sorte de fruits et de légumes, qu'un jardin sans fleurs est presque un corps sans tête. Oui, il faut à l'œil et au cœur de l'homme de ces plantes charmantes, reflets de la beauté de Dieu et consolatrices muettes de nos infortunes. Et, si de hauts dignitaires ont doté certaines cités méridionales de jardins publics d'agrément, c'est qu'ils ont compris l'heureuse influence morale qui en résultait. En effet, n'est-ce pas au doux spectacle des merveilles de la nature, comme au temple de Dieu, que nos tristesses trouvent un adoucissement, et, c'est bien là aussi que la bouillante jeunesse, avide de jouissances et attirée par le beau, trouve, sans l'y chercher, un charme secret, un sentiment de bonheur que lui refusent toujours les plaisirs illicites.

Semis. — On sème sur couches et par collection toutes les plantes annuelles et vivaces telles que balsamines, reines-marguerites, caréopsis, collinsia, œillets, pourpiers, phlox de Drumond, zinnia, rose d'Inde, trémière, pensées, immortelles, pétunias, giroflées, belles-de-nuit, ageratum, sauges éclatantes rouges, verveines, phacélias clarkia, et toutes celles qu'on veut cultiver. On sème en place, et presque toujours en bordures le long des principales allées du potager, thlaspi, coquelicots, pavots, pieds-d'alouette, pois de senteur, cynoglosse, silène ; en place, en corbeille, belle-de-nuit, belle-de-jour, réséda, escholtzia, et sur couches, tous les tubercules de canna, de dalhia, belle-de-nuit et datura.

AVRIL

TRAVAUX DE PLEINE TERRE

Lorsque le temps est beau, il faut ne pas perdre un instant, mais activer par tous les moyens possibles le développement des semis faits dans le mois précédent ; ainsi, biner, sarcler, arroser même avec de la poudrette ou de la colombine liquide ceux qui laisseraient à désirer.

C'est le moment de mettre en place les porte-graines conservés pendant l'hiver, tels que rutabagas, panais, carottes, betteraves, céleris, raves, navets, et faire les semis et plantations de melons et courges. Repiquer en pépinière d'attente tous les plants qui en auraient besoin, et ne pas négliger de cueillir régulièrement tous les deux jours les asperges et les artichauts qui, pendant ce mois, produisent abondamment.

Arrosement. — Si le temps est sec, arroser abondamment et de préférence le matin.

Semis. — On continue tous ceux qui n'ont pu être faits en mars, tels que choux-fleurs, choux-raves, rutabagas, choux de Bruxelles, pourpier doré pour salade, poirée ou carde, cardons en place ou en pépinière. Faire les semis de radis tous les quinze jours pour en avoir toujours de tendres, et vers la fin du mois, celui de haricots.

Couches. — Veiller soigneusement aux semis, repiquages et plantations qu'on laisse souvent s'étioler et périr par sa faute (*).

Continuer les semis qui n'ont pu être faits en mars, y ajoutant ceux de céleri, chicorée de Meaux, scarolle et courge en pots pour transplanter en mai.

Les fleurs qui n'ont pu être semées sur couches

(*) Pour les soins généraux à donner, voir la *Culture Maraichère*, page 94.

en mars, doivent l'être nécessairement pendant ce mois ; mais il faut, pour réussir, avoir égard au volume des graines. Ainsi, celles de pourpier, pétunias, tabac, etc., demandent une si mince couche de terrain, qu'un bon arrosement leur donne la quantité nécessaire à leur germination.

Arbres fruitiers. — On commence le pincement des pêchers en espalier, opération délicate et qui demande les plus grandes précautions ; surveiller soigneusement le développement des formes, voir si l'équilibre est maintenu de part et d'autre. Continuer les greffes en fente ou en couronne qui n'ont pu être terminées, C'est aussi le dernier moment des plantations d'arbres fruitiers ; passé cette époque, il serait trop tard.

Pépinières. — Achever, dans ce mois, les plantations et travaux de pépinières qui consistent :

1° A travailler tous les carrés profondément à la bêche et toujours par un beau temps, s'il est possible.

2° Ébourgeonner les sujets greffés en automne afin de favoriser un vigoureux développement de tous les écussons.

3° Faire une guerre acharnée à quantité de chenilles, qui, depuis quelques années, assiégent nos plantations, et qui ne doivent pourtant jamais se trouver dans une pépinière bien tenue.

Jardin d'agrément. Fleurs. — Vers la fin de ce mois, il faut mettre en pleine terre les plantes et les boutures conservées pendant l'hiver, telles que géranium, verveines, fushia, cuphéa, lantana, héliotrope, bégonias, datura, caladium, (tubéreuses en pot) et continuer le semis des plantes qui doivent se succéder en pleine terre.

La pleine terre donne déjà beaucoup de fleurs qu'il faut travailler avant leur entier développement. Telles sont celles de dielytra, spectabilis, muguet, tulipes, violettes, pensées, silènes, primevères, paquerettes doubles, etc., etc. Il faut, sur toutes choses, veiller à l'ordre et à la netteté qui font le plus bel ornement d'un jardin d'agrément.

MAI

TRAVAUX DE PLEINE TERRE

C'est le moment le plus intéressant de l'année par la douceur de la température et la diversité des travaux. Aussi voit-on l'intrépide jardinier se refuser un moment de repos et activer ses cultures par tous les moyens possibles.

C'est dans ce mois qu'il faut, dit-on, voir promener une fourmi à dix mètres de distance, dans les allées du jardin, ce langage hyperbolique montre la double nécessité d'un travail actif et de la plus sévère propreté dans un jardin potager.

Semis. — C'est le vrai moment de faire, pour nos contrées, les grands semis de choux Milans dont le produit est très lucratif. Lorsqu'on travaille pour la vente, il faut en semer plusieurs planches très épaisses pour avoir du plant en abondance. Si le temps promet un été sec, c'est un indice certain que le plant se vendra très cher. On fait aussi en grand les semis de haricots, choux-fleurs, chicorée, scarolles, choux-brocolis, cornichons, pastèques, cardons et celui des légumes commencés en avril.

Plantations. — C'est le moment des grandes plantations de melons, tomates, courges, aubergines, piments, patates, choux, salades, poireaux et de tous les plants semés en mars et avril.

Rien ne doit être négligé : le jardin doit présenter la collection la plus variée des légumes de l'époque.

Couches. — Dans ce mois on n'a plus besoin d'en faire, mais il faut porter toute son attention sur les légumes qu'on y a semés ou plantés, afin de ne pas s'exposer à manquer, par sa faute, les cultures de primeurs. Veiller soigneusement les melons prêts à mûrir et hausser les coffres pour peu qu'ils gênent leur développement. On peut même les ôter tout-à-fait, si la température est douce ; mais, si l'on veut une culture très hâtive, on les laisse jusqu'à la fin juin. Enfin, si l'on redoute, pour ces fruits, l'effet d'un soleil trop ardent, il suffit de barbouiller légèrement le chassis d'une bouillie composée de blanc d'espagne et du lait après avoir fait bouillir le tout ensemble.

Arbres fruitiers. — Il faut, à cette époque, les veiller comme de jeunes enfants si on veut assurer une bonne réussite ; et, lorsqu'on voit un œil, un bourgeon, une branche se développer outre mesure, il faut avoir recours aux moyens usités qui sont le pincement, les crans ou incisions et le redressage des parties faibles.

C'est le vrai moment du pincement général pour tous les arbres ; mais, quelle que soit la force des sujets, il faut le faire modérément si l'on veut obtenir de bons résultats.

Ne pas négliger le palissage de tous les arbres, surtout de ceux en espalier. Surveiller les greffes afin de supprimer les faux bourgeons et les insectes nuisibles.

Taille en vert de tous les pêchers et abricotiers en plein vent. Suppression de fruits dans un arbre ou une branche trop faible.

Pépinières. — Continuer avec ardeur les grands travaux qu'elles exigent et ne faire grâce à aucune de ces herbes inutiles ou nuisibles qui les assiégent quelquefois et montrent clairement la négligence du jardinier. Surveiller le développement des écussons et toujours guerre à outrance aux chenilles.

Jardin d'agrément. Fleurs. — Si la température d'avril n'a pas permis de mettre en place les fleurs cultivées sous bâches et chassis, il ne faut plus retarder ce travail, les plantes étant mieux, à cette époque, en pleine terre qu'en pots.

Semis des collections les plus variées. Repiquage en pépinières d'attente, de tous les plants assez forts; arrangement des massifs, corbeilles et plates-bandes qui doivent les recevoir. Sortir les plantes enfermées dans la serre ou l'orangerie, mais ne faire, autant que possible, cette opération que par un temps pluvieux et très doux. Grouper autour du château et en massifs, celles qu'on cultive en pots, mais habilement et sur des gradins, de manière que l'œil soit très flatté.

JUIN

TRAVAUX DE PLEINE TERRE

Potager. — Les travaux de ce mois sont nombreux et très variables. Les semences confiées au sol, sous le regard et la main puissante du Divin Créateur, qui peut seul donner la fécondité, germent et se développent, mais, l'homme sait qu'il est l'instrument de Dieu dans les travaux de la nature, et qu'il doit par tous les moyens possibles activer ses cultures.

C'est le moment de donner aux cultures de fréquents binages à la bêche ou binette, selon l'état et la nature des plantes. Il faut aussi lier les chicorées et les scarolles pour la vente ou la consommation ; pratiquer la taille des melons de pleine terre, des tomates, courges, etc., et mettre en place, si on veut, les plants de chicorée, scarolles, céleris qui sont très délicats, mais le faire préférablement le soir, ayant soin de les couvrir pour le lendemain si l'on veut obtenir un bon résultat. A cette époque on récolte les melons, asperges, artichauts, fraises, pommes de terre, ails, pois, carottes, tomates, etc.

Arrosements. — Si le temps est sec, ce qui n'est pas rare dans nos contrées, il faut arroser abondamment matin et soir : c'est le vrai moyen de donner aux cultures la force et la vigueur.

Semis. — On fait ceux de chicorées, scarolles, romaines, radis gris d'été et autres, celui surtout de haricots pour manger en vert. Dans un jardin potager bien conduit, on en a toujours jusqu'en octobre.

Plantations. — On continue celles de tomates, melons, aubergines, piments, cardons, patates.

La chaleur, pendant ce mois, augmentant graduellement, on plante en grand toutes les salades, romaines, chicorées, scarolles, et du céleri pour l'avoir précoce.

Couches. — Les travaux sur couches commencent à diminuer. Les chaleurs étant très fortes, on peut enlever, si on ne l'a déjà fait, tous les coffres et les chassis, par une belle matinée de pluie et les mettre à l'abri. Les melons demandent, à cette époque surtout, de très copieux arrosements ; il faut les leur donner, c'est le seul moyen d'arriver à de bons résultats.

Les premiers melons récoltés, il faut faire en sorte que ceux de seconde saison arrivent aussi à point.

Arbres fruitiers. — Les principaux soins à leur donner sont l'examen du développement des productions fruitières et herbacées pour les faire arriver au but qu'on leur destine. Lorsqu'après une abondante floraison, les arbres se trouvent surchargés de fruits, il faut en supprimer une certaine quantité, mais attendre, pour cela, que l'arbre ait rejeté lui-même ce qu'il ne peut alimenter, ce qui arrive toujours après la formation des noyaux ou des pepins.

Pépinières. — On continue les grands travaux qui n'ont pu être faits en mai ; et, si l'on veut une pépinière en bon état, ne pas craindre de la travailler, mais, après avoir fini d'un côté, recommencer de l'autre et donner un bon binage partout où l'on a donné une première façon.

Jardin d'agrément. Fleurs. — On commence la plantation de diverses fleurs, procédant de façon que les planches ou plates-bandes, forment de tous côtés des gradins, concaves ou convexes, de manière à flatter l'œil, de quelque côté qu'on les regarde.

On peut encore les mettre en gradins ou en amphithéâtre par rang de hauteur, les plus petites devant et progressivement de manière à les voir toutes à la fois.

Cet ensemble, si on a varié les nuances le plus possible, produit toujours un charmant effet, inutile de dire que les plates-bandes, les massifs, les gazons, les allées doivent être dans le plus grand état de propreté, car, c'est évidemment le plus bel ornement d'un jardin quel qu'il soit.

JUILLET

TRAVAUX DE PLEINE TERRE

Potager. — Les plus grands travaux de ce mois, pour nos pays, sont les arrosements et ils doivent être d'autant plus abondants qu'à cette époque de l'année les chaleurs sont excessives ; et, sans l'eau, pas de réussite possible en ce genre sous notre beau soleil du Midi.

La culture de la tomate devenue si lucrative, pour nos contrées, prend chaque jour de l'extention dans nos potagers. Obligation donc bien rigoureuse d'arroser copieusement, car c'est une plante avide d'eau ; à cette seule condition elle est productive.

On continue la taille des melons, tomates, etc., rien, dans cette saison, ne doit être inculte. Lorsque les légumes d'une planche ou d'un carré sont enlevés le matin, ils doivent être remplacés le soir ou le lendemain.

On récolte les graines qui sont mûres telles que celles de choux, raves, radis, laitues.

Semis. — On fait encore quelque semis de haricots bagnolet gris et noirs de Belgique pour manger en vert ; ceux de radis noirs d'hiver et roses de Chine, de chicorée, scarolle, pour avoir du plant bon à mettre en place, lorsqu'il en est besoin. On doit régulièrement en semer tous les quinze jours depuis avril jusqu'à la fin d'août.

Plantations. — Lorsqu'on fait irriguer les cultures comme dans la plaine de Toulouse, par exemple, on peut planter les choux-fleurs et autres, ainsi que toutes sortes de cultures en juin, et juillet si l'on veut, avec toutes chances de réussite ; mais, lorsqu'on est obligé d'arroser pour ces cultures, il vaut infiniment mieux attendre au commencement d'août, car, si on a les produits plus tardifs, en revanche, on les a très beaux.

On plante encore dans ce mois les choux milans frisés pour les avoir précoces, et le céleri, la chicorée, la scarolle.

Couches. — On ne sème plus rien sur couche, mais il s'agit de soigner les cultures qui s'y trouvent et qui réclament toujours de copieux arrosements.

Arbres fruitiers. — On continue de leur donner les soins nécessaires, tels que palissages, pincements ; on récolte les premières poires blanquet, citron des carmes, épargnes giram, poire pêche, vers la fin de ce mois.

On greffe à œil poussant les rosiers sur églantiers pour faire de beaux massifs autour de l'habitation des maîtres.

Pépinières. — On doit, dans cette saison de grandes chaleurs, renouveler les binages le plus souvent posible si l'on veut obtenir une belle végétation. Toujours guerre à outrance aux mauvaises herbes ; on n'en doit jamais voir dans une pépinière bien tenue.

On commence le greffage à œil dormant vers la fin de ce mois ; mais, pour bien réussir, il faut prendre toujours les greffons bien aoûtés et ligaturer avec soin ; à Bazin, je me sers de laine pour cela et je m'en trouve bien. On doit surtout ne prendre les greffons que sur les arbres qu'on connaît bien sûrs comme types d'espèces. N'en demandez qu'à des personnes très versées dans cette partie, si l'on ne veut pas s'exposer plus tard à tromper tous ses clients.

Il faut, lorsqu'on commence à greffer, marquer sur un livre uniquement destiné à cela : 1° les espèces ; 2° le nom de celui qui a greffé ; 3° le nombre de rangs ou d'écussons de chaque espèce, et 4° enfin le numéro d'ordre dans le carré afin que, plus tard, on soit parfaitement sûr des espèces qu'on livre à la vente.

Fleurs. — Elle sont, à peu près, toutes plantées dans ce mois. Il s'agit seulement de leur donner de fréquents et profonds binages ; et, si on veut les pousser avec vigueur, un bon palis avec du fumier court qui empêche le tassement lorsqu'on est obligé d'arroser beaucoup.

Lorsqu'on ne peut procéder à l'arrangement des fleurs ainsi que je l'ai indiqué au mois de juin, on peut fort bien les mettre en plate-bande, les plus grandes au milieu, diminuant insensiblement sur chaque côté. Pour ceci, il n'y a d'autre règle à suivre que le goût du jardinier et quelquefois la volonté des maîtres.

N'oublions pas, ami lecteur, que les plantes à

feuilles panachées sont, à cette époque, en grande vogue à Paris et dans tout le nord de la France. Tâchons donc de nous les procurer ; elles auront, n'en doutons pas, un bien plus bel aspect sous notre beau ciel du Midi. Nous avons déjà les colleus, verschaffetii, les roseaux penchés et les amaranthes tricolores et rouges qui produisent le plus charmant effet (*).

AOUT

TRAVAUX DE PLEINE TERRE

Potager. — Les travaux les plus pénibles et les plus importants pour la culture maraîchère pendant ce mois, sont, sans contredit, les arrosements ; et ils sont cependant d'autant plus urgents, que pas une plante annuelle ne réussit sans leur secours. Il faut donc arroser copieusement matin et soir si l'on ne veut s'exposer à tout perdre ; donner de profonds binages partout où cela est possible ; c'est le seul moyen de conserver la fraîcheur dans le sol et de concentrer les phénoménes capillaires extrêmement utile aux plantes en pleine terre.

(*) De très bons ouvrages ont été publiés récemment par MM. André et Naudin, sur les plantes à feuillage coloré ,chez M. J. Rotschild, éditeur, rue St-André-des-Arts, 43, Paris.

Arroser beaucoup le céleri et ne pas négliger de le butter à mesure qu'il croit, pour le faire blanchir. Attacher dans ce même but les cardons qu'on destine pour la vente et les butter fortement aussi haut que possible. Récolter les graines de pois, fèves, carottes, betteraves, choux, etc. Arracher les pommes de terre qui ont cessé de pousser.

Semis. — Les semis de ce mois, pendant la première quinzaine, sont ceux des plants qui passent vite, tels que radis, cerfeuil, salades. Dans certaines contrées, on sème, vers la fin de ce mois, l'oignon blanc, les épinards, choux bacalan, d'York, cœur-de-bœuf, Strasbourg, Dax, Poméranie, Vaugirard (ou St-Denis), Nantais femelle brocolis. On doit avancer ou retarder ces semis selon le climat où l'on se trouve. On sème aussi la raiponse, raves et navets pour l'automne et l'hiver, et des haricots pour les manger en vert ; mais on n'est pas sûr de les récolter à point à cause des gelées précoces.

On peut encore semer le cresson des fontaines, dans les fossés remplis d'eau courante pendant l'hiver, ayant ôté préalablement les mauvaises herbes et tout ce qui pourrait étouffer le semis. Lorsqu'il a levé on le fume avec de l'engrais très court ou du terreau ; ainsi soigné, il donne abondamment tout l'hiver.

Plantation. — C'est vers le 15 de ce mois que

se font les grandes plantations de choux Milans frisés pour la provision d'hiver des propriétaires de la région. On choisit de préférence pour cela un temps humide; cependant, quoiqu'il pleuve pendant ce travail, il est nécessaire de l'arroser pour le faire réussir.

On doit préparer le terrain par une bonne fumure et un profond labour, et mettre généralement entre les plants, 60 centimètres en tout sens pour le petit milan frisé. Le milan des vertus doit être espacé de 90 centimètres et d'un mètre même, si on veut l'avoir très beau. Mais, quelle que soit l'espèce de choux, il faut que le plant soit enterré jusqu'aux premières feuilles.

On continue aussi les grandes plantations de céleris, chicorées, scarolles, romaines et laitues, mais celles-ci pas très profond ; il faut que le collet de la plante puisse flotter sur la surface du terrain.

Arbres fruitiers. — Il faut profiter de la seconde ascension de sève qui arrive toujours dans ce mois pour faire la greffe des boutons à fruits.

Les résultats obtenus par cette greffe sont si avantageux que je ne puis résister au désir de les faire connaître à mes lecteurs. Elle a pour but : 1° de mettre à fruit les arbres les plus rebelles ; 2° de doubler presque toujours les produits qu'on aurait obtenus avec les mêmes fruits sur le piedmère; 3° de mettre une collection des plus beaux fruits sur le même arbre.

Pépinière. — On continue la greffe des sujets qu'on veut écussonner. Ne pas perdre de vue celles qu'on a greffées au commencement de juillet, pour les desserrer si elles sont trop comprimées. Donner des binages toutes les fois qu'il en est besoin.

Fleurs. Semis. — Semer le réséda en pots pour l'avoir fleuri tout l'hiver dans les appartements, et les cinéraires, primevères, etc., pour les avoir de toute beauté à la fin de l'automne et au commencement de l'hiver.

On sème en pleine terre, et dans un coin mi-ombragé de manière que le soleil n'y arrive que très obliquement : calceolaires, gloire de Versailles, clarkia pulchella, coque lourde frangée, énothère de Drumond, ipomopsis élégant, jolie plante, délicate, craignant l'humidité ; l'élever en pots pour la mettre en pleine terre vers la fin mai ; mimulius (variétés), matricaire double, œillet de la Chine double, phlox Léopold, verveines de Miquelon.

Toutes ces plantes doivent être conservées en serre pendant l'hiver. On continue la plantation de toutes celles qu'on a en pépinières annuelles ou vivaces. On plante encore les reines-marguerite, balsamines, pourpiers à grandes fleurs et autres, pour avoir une belle floraison en septembre et en octobre, ce qui n'arriverait jamais, dans nos contrées, si l'on hâtait trop ce genre de plantation.

On continue à donner aux plantes les arrosages et les binages que réclame leur développement. Il faut aussi ne pas oublier qu'elles sont avides d'engrais liquide et leur en donner en suffisante quantité. Arroser abondamment les massifs sur pelouses, tels que sauges écarlates, phlox, pétunias, géraniums, héliotrope, amaranthes panachées, verveines, pour avoir plus tard des corbeilles bien garnies.

SEPTEMBRE

TRAVAUX DE PLEINE TERRE

Potager. — Les mêmes soins pour toutes les cultures sont encore de rigueur : ainsi les arrosements sont indispensables matin et soir si les chaleurs continuent au même degré, et ce n'est pas rare dans notre brûlante Gascogne. Au fur et à mesure que les carrés ou planches de chicorée, scarolle, romaines, etc., disparaissent, travailler le terrain pour les cultures qui doivent leur succéder et qu sont à peu près les semis d'hiver.

Lorsqu'on voit, en cette saison, des espaces incultes, cela ne prouve pas en faveur du jardinier, qui ne devrait pas oublier que, plus la terre est travaillée, plus elle est fertile, se trouvant, par là même, en contact avec les agents athmosphériques qui lui fournissent le principe vital indispensable à toutes les plantes. Continuer le buttage du céleri, des cardons et de copieux arrosements aux choux-fleurs avant que les fruits ne marquent. C'est le seul moyen de les avoir de toute beauté.

Semis. — C'est dans ce mois que se font dans nos contrées les grands semis d'automne qui doivent passer l'hiver en pleine terre, tels que ceux d'oignons, poireaux, radis pour porte-graines (*), chou-bacalan femelle, St-Denis, Nantais d'York, pain de sure, cœur-de-bœuf, Poméranie, chou de Dax, et enfin tous ceux qui sont en usage dans les contrées qu'on habite. Inutile de dire qu'il est prudent d'en semer diverses espèces pour en avoir toute la saison d'été. On sème aussi la laitue de passion, la brune d'hiver, la romaine d'hiver et toutes les espèces usitées dans la localité. Dans certaines contrées favorisées du Midi de la France, telles que Perpignan et Marseille, on commence à cette époque les semis de pois et tomates pour les récolter

(*) C'est ainsi que pour tous nos semis nous différons de Paris et de ses environs où l'on sème les radis porte-graines au printemps.

en février, mars et avril. On conçoit combien cette vente est lucrative à cette époque où les légumes manquent partout. Aussi, ces villes fournissent-elles le produit de leur industrie, non seulement aux contrées environnantes, mais même à Paris et dans tout le Nord.

Ce qui prouve que, pour notre région, il faut savoir hâter ou retarder les cultures selon le terrain, l'exposition et le climat.

On doit semer, dès les premiers jours du mois, si on ne l'a fait en août, la scarolle d'hiver, la meilleure salade d'hiver pour notre région, à cause de sa grande beauté en cette saison (*). Cette scarolle est un vrai trésor pour les jardiniers du Midi, car elle se vend jusqu'à 10 centimes pièce tout l'hiver.

Plantations. — Celles de ce mois sont peu nombreuses. On continue celles de céleri, chicorée, scarolle, laitue de passion, quelques planches pour en avoir de très précoces ; mises au pied d'un mur et au Midi, elles arrivent à bon point et sont d'un très grand débit à cette époque où les salades sont si rares.

On plante aussi, à cette époque, toutes sortes de

(*) J'en ai mesuré le 25 décembre 1866 qui avaient de 70 à 80 centimètres de circonférence, au jardin de M. Dutau, situé au Midi de la ville de Lectoure.

fraisiers pour qu'ils soient bien repris avant les grandes gelées.

Arbres fruitiers. — C'est un des mois les plus intéressants par ces arbres chargés de beaux et bons fruits. On jouit déjà de quelques bonnes espèces pour cette saison, telles que Bon Chrétien, Williams, (la reine des poires d'été), Belle de Bruxelles, Seigneur Espéren, Beurrée d'Amanlis, Louise-bonne-d'Avranches, Conseiller de la Cour, des Deux Sœurs, Doyenné blanc, Doyenné sieulle, Bonne d'Ezée, Doyenné du Comice, Jalousie de Fontenay, Fondante des Bois, Triomphe de Jodoigne et plusieurs autres.

Lorsqu'on veut manger tous ces fruits d'été avec le doux parfum qui leur est naturel, on doit les cueillir quelques jours avant leur complète maturité. La Belle de Bruxelles, par exemple, laissée mûrir sur l'arbre est une poire farineuse détestable, cueillie quinze jours avant sa parfaite maturité, elle est fondante et de première qualité. Mais, pour être bon juge en ce point, il faut être bon praticien et savoir récolter et déguster chaque fruit, en son temps. C'est aussi le grand moment de la récolte des pêches; mais il faut, si on veut les manger avec toute leur saveur, les cueillir un ou deux jours avant leur maturité, et avoir soin, si on les veut de toute beauté, d'enlever par un coup de brosse, le duvet qui les enveloppe. Presque immédiatement après la récolte des pêches, on enlève aux arbres les pédoncules des fruits; on supprime les branches fruitières qu'on ne peut plus conserver pour l'année suivante.

Pépinières. — S'il reste quelque carré à greffer, on doit s'empresser de le faire, alors qu'il y a encore de la sève; plus tard, il ne serait plus temps d'y revenir. Il faut toujours surveiller et visiter même les greffes du mois précédent afin d'empêcher que la compression sur la surabondance de sève n'étouffe l'écusson. Regreffer ceux qui auraient manqué.

Fleurs. — Lorsqu'on veut avoir une belle floraison de plantes annuelles et vivaces, qui font toute la beauté d'un parterre en avril, mai, et juin, il faut les semer pendant ce mois et non au printemps. Celles qui veulent être semées en automne sont : les agrostis pulchella, baeria Chrysostoma, caréopsis élégant, collinsia à grandes fleurs, coquelicot double en place, gilia tricolore, immortelle borussorum, Julienne de Mahom, lin à grandes fleurs rouges et blanches, lobelia erinus, mimelius speciosus, nemophila, pavot double en place, pied d'alouette en place, silène blanc et rose, souci double, Véronique de Syrie. Toutes ces fleurs réussissent à merveille si on les sème en automne.

OCTOBRE

TRAVAUX DE PLEINE TERRE

Potager. — Dans ce mois les cultures de primeurs tels que tomates, melons, aubergines, patates, cornichons et courges disparaissent et on exécute les grands travaux de labours pour la culture de choux, fèves, salades, oignons, poireaux, ails, en ayant soin de bien fumer les carrés qu'on laboure dans cette saison, soit pour les cultures présentes, soit pour celles à venir. C'est le cas de fumer abondamment et longtemps a l'avance le terrain destiné aux carottes si on veut les avoir belles. On continue de donner aux cardons et aux céleris les soins qu'ils réclament.

DRAINAGE

On peut faire cette opération sans gêner nullement les cultures, et cette époque est, sous tous les rapports, le temps le plus opportun pour le réussir. Et d'abord, on est moins pressé pour les travaux, et le terrain, n'étant pas encore saturé d'humidité, n'est nullement endommagé et l'opération réussit à merveille. Mais comment savoir qu'un jardin a besoin d'être drainé, car c'est là le point essentiel? Voici, selon moi, les marques auxquelles on peut le connaître :

1° Si, par l'effet des fortes chaleurs, le terrain se gerce, se fendille et forme des mottes difficiles à dilater.

2° Si le terrain ne sèche jamais ni en hiver, ni au printemps, et que les plantes y gèlent facilement, on est sûr que le sous-sol est imperméable et que le drainage est de rigueur. Cette opération produit des biens immenses surtout dans la culture maraîchère. Les jardiniers et les propriétaires qui ont l'heureuse idée d'assainir ainsi leur terrain, trouvent, dans l'abondance et la qualité des récoltes, la récompense de leurs travaux. On a vu des résultats admirables. Des terres complètement improductives sont devenues fécondes à la suite de ces opérations. J'ajoute encore, ami lecteur, que le drainage, exécuté avec intelligence, délivre l'air d'exhalaisons qui engendrent la fièvre et autres maladies sérieuses. Il y a donc encore un motif de santé qui devrait engager à pratiquer ces assainissements. Il est regrettable que certains jardiniers et propriétaires de notre région s'exagèrent les dépenses de ces améliorations ; mais s'il est démontré qu'elles produisent au moins un bénéfice de 20 à 25 p. 0/0, pourquoi ne pas les faire ?

Semis. — On commence celui de la fève d'Espagne, à longue gousse, qu'on met en planches ou en carrés espacés de 60 à 70 centimètres en tous sens. Dans les régions méridionales, on continue les semis de pois, tomates, carottes, radis.

Plantations. — On fait celles des légumes semés en septembre, tels que choux, laitues, romaines, ails et échalottes.

Arbres fruitiers. — A cette époque, les arbres privés de leurs fruits, se dépouillent aussi de leurs feuilles, et c'est, d'après des expériences faites, le moment le plus opportun pour la taille de toutes sortes d'arbres ; c'est celui que je choisis à la Ferme-École. Les bons résultats que j'en ai obtenus me portent à recommander cette taille aux jardiniers et propriétaires dans leurs véritables intérêts, bien entendu.

C'est le moment de la cueillette des fruits d'hiver qu'on doit faire par un temps sec et de préférence le soir, après que la chaleur a baissé. Il n'y a pas, à mon avis, grand avantage à hâter la récolte de ces fruits ; je crois, au contraire, qu'ils gagnent en grosseur et en qualité si on les laisse en place jusqu'à la chute des feuilles.

Pépinières. — Les soins à donner sont absolument ceux du mois précédent.

Fleurs. — On continue, pendant ce mois, les semis qui n'ont pu être finis en septembre, mais sans nul retard si l'on veut qu'ils réussissent. C'est à cette époque, et avant les gelées, qu'on doit rentrer les tubercules qui doivent être conservés, tels que ceux de dahlias, cannas, datura, belle-de-nuit.

On doit commencer de planter les fleurs à caïeux ou bulbeuses, telles que anémones, colchiques, iris, jonquilles, lys, muscari, narcisses, pivoines, renoncules, tulipes et les dielytra qui réussissent parfaitement en pleine terre et donnent, un des premiers, des clochettes roses, gracieuses, élégantes et du plus bel effet.

NOVEMBRE

TRAVAUX DE PLEINE TERRE

Potager. — Les travaux de ce mois sont assez nombreux : ainsi, il faut, avant les premières gelées, ramasser les racines qui ne peuvent passer l'hiver en pleine terre ; faire les plantations d'arbres fruitiers, et continuer les labours si le temps le permet. Couper les tiges d'asperges à 10 centimètres au-dessus du niveau du sol et profiter d'un beau jour pour les déchausser, les travailler et les activer par le moyen de bon fumier, qu'on met le plus près possible du turion des griffes. On enterre ce fumier et on le couvre jusqu'à la cueillette, qui est très hâtive si le temps est beau.

C'est aussi le moment de bêcher très profondément les artichauts, de les fumer et de les butter si le temps le permet. Dans les environs de Marseille et de Perpignan, au lieu de butter les artichauts avec la terre, on enlève les œilletons, on travaille les pieds et on les fume fortement autour de ces derniers ; on attend ainsi le fruit qui arrive toujours en janvier ou février. Ce qui prouve ce que j'ai avancé déjà : qu'il faut pour toutes cultures envisager avant tout le terrain, l'exposition, le climat pour faire chaque chose en son temps. Commencer dans ce mois les défoncements, extraire les rocs, enlever les haies, les broussailles qui gêneraient les cultures, continuer le drainage s'il n'est pas achevé. On a, dans ce pays, l'habitude de planter les asperges à cette époque ; il serait cependant, à mon avis, préférable de le faire en février et mars.

Semis. — On continne le semis de fèves et on commence celui des pois qui résistent en pleine terre, en ayant soin de leur donner un terrain sec, très léger et une exposition méridionale. Dans ce mois se font les grandes plantations d'ails, choux, romaines, laitues, oignons, poireaux qui n'ont pu être faites en octobre.

Arbres fruitiers. — Continuer la taille des arbres fruitiers ; et, s'il en est quelques-uns de grande vigueur et difficiles à mettre en fruit, il faut commencer l'opération par ceux-là ; l'expérience m'ayant appris que, plus un arbre est vigoureux, plus il faut en hâter la taille, car on le charge par ce moyen de productions fruitières. Cette opération terminée, faire la charpente des arbres palissés. Après ce travail labourer les plates-bandes, mais ne pas oublier de répandre un lait de chaux sur les tiges des charpentes avant les grandes pluies, pour empêcher l'invasion de la mousse pendant l'hiver.

Pépinières. — C'est le grand moment de la vente d'arbres fruitiers. Cette œuvre exige les soins les plus minutieux de celui qui tient à l'honneur de son établissement et à la réputation de sa pépinière.

Lorsqu'on a des pépinières dans les champs, exposées au maraudage, on ne peut y laisser les étiquettes, mais il faut à l'époque de la vente, vérifier, rang par rang, à l'aide du registre dont j'ai fait mention à l'article de la greffe, les sujets qu'on veut livrer, en ayant soin de n'étiqueter que ceux dont on est parfaitement sûr afin de ne commettre aucune erreur; et si l'on doute de quelques-uns, mieux vaut les garder que s'exposer à tromper; on a du moins la conscience tranquille. Enfin il est de la dernière importance, pour celui qui a des achats à faire, de s'adresser directement à un pépiniériste très versé dans cette partie et connaissant parfaitement le fruit; mais jamais aux revendeurs qui n'achètent guère que le rebut des pépinières et trompent par conséquent à peu près toujours les propriétaires.

Fleurs. Plantations. — On fait celle des plantes bulbeuses, ainsi que les crocus, arum, serpentaire, fretilliaire, couronne impériale, glaïeuls qui aiment une terre douce, légère et très riche d'engrais. On peut, pour cet effet, leur donner l'engrais liquide ; on se sert même avec avantage de terreau, mais en grande quantité. Les cyclamens se plantent presque toujours en pots qu'on met plus tard a une très douce température à la serre ou dans un appartement quelconque, où il fleurit tout l'hiver. On en plante également en pleine terre sur pelouse et la floraison, qui est de toute beauté, arrive en septembre, octobre et en novembre.

DÉCEMBRE

TRAVAUX DE PLEINE TERRE

Potager. — Les travaux de ce mois sont les mêmes que le mois précédent ; ainsi on doit terminer les labours, les défoncements, préparer les asperges, les artichauts pour l'hiver si on ne l'a déjà fait.

Quoiqu'il faille faire, à cette époque les labours du potager, il faut cependant se garder de les exécuter par un temps pluvieux, car on nuirait infailliblement aux cultures, mais choisir un jour sec et beau.

Semis. — Ceux de ce mois sont à peu près nuls à cause des fortes gelées.

Plantations. — Les seules qu'on puisse faire dans ce mois, sont celles d'arbres fruitiers.

Quant aux plantes potagères, il est à peu près inutile d'y songer.

Arbres fruitiers. — Il faut en continuer la taille si le temps est beau, mais la suspendre si de fortes gelées surviennent.

Pépinières. — La vente d'arbres fruitiers continuant, il faut veiller soigneusement à ce qu'ils soient arrachés avec le plus de chevelu possible pour assurer leur reprise, et qu'aucune erreur ne se glisse dans les expéditions ; pour cela étiqueter exactement chaque espèce ; et, lorsqu'on fait des envois au loin, veiller à ce que les emballages soient bien conditionnés pour que les greffes n'aient pas à souffrir dans le trajet. Je dois recommander aussi de n'arracher ni expédier des greffes pendant les fortes gelées, et cela au profit des parties intéressées.

On me demandait un Calendrier raisonné très-détaillé, pour notre Midi. J'ai fait mon possible pour répondre à ce désir. Mais, comme je n'ai pas la prétention d'avoir atteint ce but dès le premier coup, et que, du reste, ce Calendrier peut être retouché, refondu, je recevrai, non seulement avec plaisir, mais avec reconnaissance, les renseignements et les conseils qu'on voudra bien me donner à ce sujet, afin d'arriver à faire un petit livre, sinon indispensable, du moins très-utile à tous les presbytères, instituteurs, jardiniers et propriétaires de nos contrées.

UN MOT SUR L'HISTORIQUE

JARDINIERS DE LECTOURE ET DE LEURS JARDINS.

Entre le Gers et la ville de Lectoure, existait de temps immémorial, une quinzaine de braves familles, habitant un petit hameau, au milieu de la fertile pleine du Pradoulin et possédant en tout trois ou quatre hectares de terrain qu'elles cultivaient en jardin. Leurs principales cultures d'été étaient le chou commun (Milan), nommé pour cette raison chou de Lectoure ; renom qui fait encore sa fortune actuelle ; et cultivaient en sus quelques choux cabus, ils exportaient le tout à dos de cheval, à Condom, Fleurance, Nérac. Leurs légumes d'hiver étaient le céleri qu'ils vendaient en carnaval, et quelques plants d'oignon pour le printemps.

On conçoit qu'avec une si petite étendue de terrain, des cultures aussi peu variées, il était difficile de faire fortune ; néanmoins quelques familles avaient gagné un petit bien-être, et lorsque le temps, ce grand réformateur ou destructeur de toutes choses eut apporté les changements de 89, les jardiniers du Pradoulin sortirent de leur cercle restreint.

Aujourd'hui les choses ont bien changé de face.

Grâce à leurs économies et à leur savoir faire, ces jardiniers achetèrent les métairies de Lastride, Pradoulin, St-Cény, Lagrangette, le Pont-de-Pile et une partie de la forêt du Ramier ; de sorte que la riche plaine du Pradoulin et tous les beaux côteaux du midi de la ville, appartiennent aujourd'hui aux familles de jardiniers. Je les en félicite ; il est rare en France, de rencontrer, près d'une petite ville, une aussi vaste étendue de jardins dans une exposition si favorable à toutes les cultures.

Aujourd'hui les jardiniers de Lectoure cultivent en grand les céleris, chicorées, scarolles, romaines, betteraves, cornichons, choux, tomates, ails, oignons, poireaux, radis ; et, pour plants, le chou, l'oignon, le poireau, la romaine, la tomate et le bazilic.

Il se plante, à peu près chaque année, de trente à quarante mille chous divers ; trois cent mille pieds de chicorée ou scarolle ; deux cent cinquante mille de céleris et au moins autant de romaines ; il se vend cinquante mille bottes de radis chaque printemps, et tous les étés, au mois d'août, soixante mille plants de choux Milan par chacune des quarante familles habitant le Pradoulin, Le seul revenu de ce chou s'élève chaque année, sans exagération aucune, à 25,000 fr., la contenance actuelle des jardins étant de vingt à vingt-cinq hectares qui produisent annuellement 90 ou 100,000 fr.

J'avais donc bien raison de dire, en commençant, que la culture maraîchère est, et sera toujours une industrie des plus lucratives. Quelle est en effet, la propriété de 25 hectares, quelle que soit sa fertilité, qui produise vingt mille francs? je ne crains pas d'avancer qu'il n'en est aucune. Eh bien! la culture maraîchère fait plus que tripler cette somme. Mais si j'ai avancé que les jardins de Lectoure produisent annuellement au moins 100,000 francs, ce n'est pas que je veuille présenter à mes lecteurs, ces jardiniers comme des phénix dans cette branche d'industrie; non, je dois demeurer dans le vrai et dire que, si leurs cultures étaient un peu plus variées, plus appropriées aux besoins actuels de la consommation; la somme de leurs revenus doublerait chaque année. Qu'il me suffise de citer un seul exemple à l'appui de ce que j'avance. Que penserait-on si je disais que la plante la plus lucrative de la culture maraîchère, l'asperge, n'a pas paru dans leurs jardins, qu'on n'en trouverait pas un seul pied sur vingt-cinq hectares de terrain. Voilà pourtant la vérité (*). Et cependant le revenu des asperges exportées à l'étranger s'élève à des millions, sans compter la vente aux halles centrales de Paris ou les plus belles asperges améliorées arrivent à cinquante francs la botte. Ce retard d'admettre dans les cultures une plante si avantageuse, a sa source dans la routine ; le fils succédant au père dans la profession de jardinier, se fait un scrupuleux devoir de ne cultiver que les légumes traditionnels adoptés par les siens. Cela a bien son mérite, mais il faut cependant aimer assez le progrès pour répondre aux exigences du temps, et se tenir au courant de ceux qui se réalisent tous les jours pour l'horticulture.

Les jardiniers de Lectoure, nous le savons, ont trop de cœur et tiennent trop à l'honneur de leur pays pour rester désormais indifférents en ce qui touche au progrès de leur partie. Ils veulent être dignes d'une ville qui a possédé et possède encore les plus grands hommes dans toutes les illustrations.

(*) En dehors des jardins de Pradoulin et de ceux du midi de la ville, deux jardiniers en cultivent quelques planches. Antoine et Gayraud. Antoine est un ouvrier hors ligne pour la culture maraîchère, j'aime à lui rendre ici cette justice, il a ramassé une petite fortune avec la culture maraîchère, qui prouve tout en sa faveur.

Et puisqu'il vient d'être créé dans nos murs un Enseignement Professionnel, sur ce promontoire dominant de la vallée du Gers, où *doit brûler le feu générateur des connaissances utiles à un pays agricole,* il faut espérer qu'il sortira de cette école des hommes capables sur toutes les branches des sciences agricoles et horticoles, pour porter bien haut, à leur tour, l'honneur et la réputation Lectouroises.

TAILLE PRÉCOCE

DES ARBRES FRUITIERS ET DE LA VIGNE

TAILLE DES ARBRES FRUITIERS

Lorsqu'on sait une chose utile et profitable à tous, on doit, d'après moi, chercher à la répandre dans l'intérêt du bien public, cette idée m'inspire de publier quelques notes qui tourneront, je l'espère, à l'avantage des amis du progrès qui voudront en faire l'essai.

La taille des arbres fruitiers a été, depuis quelque temps en France, l'objet de vives discussions de la part d'hommes éminents au point de vue de l'horticulture.

Je suis loin de partager l'opinion de ceux qui prétendent qu'on ne doit point tailler les arbres fruitiers, que la taille est plutôt nuisible qu'utile. Certes, cette opinion n'est pas près de se faire jour parmi nous, qui sommes parfaitement convaincus au contraire que la taille bien comprise, bien pratiquée, est très utile et restera toujours, il faut l'espérer, une source de richesses pour nos jardins, car, seule elle peut entretenir chez nos arboriculteurs cette noble émulation capable de conduire à un progrès solide et réel. Sans me ranger tout-à-fait du côté de ces Messieurs, je dis qu'il y a quelque chose de vrai dans ce qui est soutenu, et, quant à moi, je crois qu'il est urgent de changer certains principes reproduits depuis un temps immémorial, qui, appliqués comme ils le sont à la taille d'arbres fruitiers ou autres, conduisent à des résultats tout-à-fait contraires à ceux qu'on doit en espérer.

Les auteurs qui ont écrit sur l'arboriculture depuis des siècles jusqu'à nous, disent, en traitant des époques de la taille que le moment le plus favorable est février et mars. Partant de ces données, ils ont établi les principes suivants dans le but unique d'activer ou de ralentir la végétation, selon la vigueur des sujets et au profit des productions fruitières, ainsi : tailler très tard les arbres vigoureux et de bonne heure les arbres faibles.

Agissant d'après ces règles, on doit autant que possible, lorsqu'on a des arbres vigoureux en retarder la taille jusqu'à la fin de mars ou même jusqu'en avril afin de supprimer une certaine quantité de sève dont l'effet serait de contrarier le développement des productions fruitières.

Cette pratique est, selon moi, en opposition directe avec les lois naturelles de la végétation, et voici mes raisons :

Quels sont les arbres qui doivent être taillés tard? C'est évidemment, pour les arbres à pepins, le poirier et le pommier greffés sur franc.

Or, voyons ce qui se passe en suivant le principe énoncé plus haut : supposons une plantation de poiriers sur franc dont la vigueur semble promettre une végétation luxuriante. On les taillera très tard chaque année afin de les affaiblir. On attendra même dans cette condition de vigueur que ces arbres soient en pleine végétation pour supprimer une plus grande quantité de sève afin de les affaiblir davantage ; et cependant on ne parviendra jamais à les mettre à fruit avant la sixième, la septième et quelquefois même la huitième année.

Combien de temps faut-il aux productions du poirier pour se transformer en boutons à fruit?

Généralement trois ans.

Que se passe-t-il alors pour que le poirier sur franc ne se mette à fruit que vers la septième ou la

huitième année ? Est-ce manque de sève ? évidemment non, puisqu'on les taille très tard pour en
maîtriser la vigueur. Savez-vous, lecteur, quelle
est, selon moi, la cause du peu de fertilité de ces
arbres ? C'est la taille tardive.

Et d'abord en taillant tard, on supprime une
grande quantité de sève, qui, distribuée dans toutes
les parties, aurait donné à chaque ramification la
force de se développer dans les conditions qui lui
sont propres.

De plus, nous savons : 1° que la sève ascendante,
puisée par les racines tient en dissolution des sels et
des gaz qui ne sont propres qu'à l'élongation annuelle et à faire développer les parties foliacées ;
2° que la sève descendante, élaborée par les feuilles, renferme au contraire l'hydrogène, l'oxigène,
le carbonne et l'azote, principes vitaux éminemment
nutritifs.

Si donc on taille de bonne heure, immédiatement
après la chute des feuilles, par exemple, on pré-
dispose certainement les arbres à se mettre à fruit,
car on réserve pour les productions fruitières, la
sève qui infailliblement aurait été absorbée par les
branches que l'on supprime. En effet, puisque nous
savons que c'est la sève descendante qui fournit le
plus de sucs nourriciers et hâte la fructification,

nous devons faire notre possible pour la conserver abondante et la forcer à se distribuer dans les parties fruitières ; et ce résultat ne peut s'obtenir que par la taille précoce.

Voici, à cet effet, quelques unes des nombreuses expériences faites par moi à la Ferme-École.

En 1856, je plantai au jardin cinquante-deux poiriers sur franc, en palmettes ou pyramides. Tous ces arbres reçurent évidemment les mêmes soins, chacun selon sa forme, et devinrent très vigoureux.

Les trois premières années, je ne comptai nullement sur du fruit, me trouvant obligé de les tailler assez court pour faire développer la série des branches nécessaires à leur forme ; l'ayant obtenue, je songeai à avoir du fruit.

Appliquant ici mes principes je soumis, la troisième année, une grande partie de ces arbres les plus vigoureux à la taille précoce et les autres à la taille tardive. Qu'arriva-t-il ? Ce que j'avais prévu : Les arbres soumis à la taille précoce se chargèrent de productions fruitières dès la troisième année, et quelques espèces plus fertiles en donnèrent même dès la seconde, tandis que les autres de même vigueur, mêmes espèces, mêmes formes, mais traités par la taille tardive, demeurèrent tout-à-fait stériles. A l'appui de ce que j'avance, je dois ajouter que j'ai au jardin des poiriers plantés depuis dix ans, taillés très tard chaque année à cause de leur grande vigueur et qui n'ont jamais donné un seul fruit.

Ce que j'ai dit du poirier sur franc s'applique également au poirier sur cognassier, mais avec cette heureuse différence, que celui-ci, quelles que soient sa vigueur et son peu de fertilité, donnera invariablement du fruit dès la troisième année. J'ajouterai même qu'il m'est arrivé plusieurs fois, en taillant en automne des sujets Duchesse d'Angoulême habituellement si fertile, de supprimer tous les boutons à fruit pour les faire pousser à bois, et malgré cette précaution, ils étaient si nombreux au printemps, qu'il eût été impossible d'imaginer qu'on en avait supprimé,

Il me serait facile, en parcourant d'un œil rapide les différentes contrées du Gers, de prouver que le poirier sur cognassier n'est pas fertile dans tous les jardins, mais cela m'entraînerait trop loin et m'éloignerait du but que je me suis proposé,

Je dirai donc, en me résumant, que la taille précoce appliquée spécialement aux arbres à pepins, et généralement à tous est, selon moi, la seule dont on puisse attendre de prompts et d'heureux résultats, car elle a pour but de conserver une plus grande quantité de sève descendante seule capable de produire, d'alimenter et de développer convenablement les boutons à fruit.

Si je préconise ainsi la taille précoce, ami lecteur, c'est que j'en connais les précieux résultats, et que depuis que je la pratique ainsi j'ai le plaisir de voir chaque année mes arbres surchargés de fruits, et de plus, je n'ai rien à craindre des gelées tardives si redoutées dans nos contrées pour la fructification. Pendant l'été 1866, les fruits manquèrent partout dans le Gers, à Bazin j'en étais encombré. Cet avantage je l'attribue à la taille précoce, et l'avenir me promet le même succès si je la pratique encore.

Je serais bien heureux si ces lignes engageaient quelques personnes à en faire l'essai, mon but serait atteint, car, je suis persuadé que les bons résultats ne se feraient point attendre.

De la Vigne

La vigne est une des productions les plus lucratives de l'agriculture pour la région méridionale; elle est pourtant, de toutes les cultures, celle qui a fait le moins de progrès. Quelques hommes éminents s'en sont cependant bien occupés, mais toujours au

point de vue scientifique et jamais pratique ; d'autres, dans ces derniers temps, l'ont aussi étudiée,
mais pour connaître les différents systèmes de cultures adoptés en France. On doit pourtant savoir
gré à un de ces savants, M. le docteur Guyot qui
lui seul, a fait faire plus de progrès à la viticulture
française dans l'espace de cinq ans qu'elle n'en
avait fait dans cinquante.

Mais quel que soit le génie de l'homme, il a
cependant ses limites ; Dieu semble lui avoir dit,
comme à la mer, tu iras jusque là et tu ne passeras
pas ces bornes. En effet, chacun ne découvre jamais
que ce qu'il lui est réservé de découvrir. Aussi voit-
on même de nos jours des hommes de grand talent,
suivre pour certains travaux les principes posés par
leurs ancêtres et dénués souvent de tout fondement.

TAILLE DE LA VIGNE

Depuis un temps immémorial la vigne est taillée
très tard, généralement par tous les propriétaires de
nos contrées, dans le but de la préserver des gelées
tardives, sans qu'ils se rendent compte, à eux-
mêmes, que cette manière d'agir est en opposition
directe avec les résultats qu'ils veulent obtenir,

tellement l'opinion est accréditée parmi eux que la vigne doit geler d'autant plus facilement qu'elle est taillée de bonne heure.

Je vais tâcher aujourd'hui de prouver le contraire de ce qui a été avancé à cet égard :

Le jardin de la Ferme-École de Bazin ou je fais, depuis onze ans, des essais relativement à la taille précoce ou à la taille tardive de la vigne, se trouve enclavé entre deux monticules boisés, et dans un vallon extrêmement froid et humide.

Je suis toujours certain que, s'il gèle quelque part, ce doit être au jardin de la Ferme-École : c'est inhérent à sa position. Eh bien ! c'est dans cette situation et sur un contre espalier où la vigne est élevée, selon le système adopté à Thoméry, que mes études comparatives ont été faites.

La moitié de cette treille a toujours été taillée à la fin septembre ou dans le courant d'octobre, et le reste en février, mars et avril.

Les gelées tardives de 1860 et celles du 7 mai 1861, détruisirent presque complètement les bourgeons de la partie taillée au printemps ; tandis que les bourgeons de celle taillée en automne résistèrent parfaitement malgré leur exposition moins favorable.

Les végétaux, en effet, résistent d'autant moins

à l'action de la gelée que la sève absorbée est moins exposée à l'influence extérieure de l'athmosphère.

C'est ce qui se produit et il n'est pas difficile de voir que lorsqu'on aura taillé tard une vigne et que les gelées tardives arriveront, les plaies n'étant pas cicatrisées, la sève étant entrée en mouvement, par conséquent, comme on le dit vulgairement, la vigne pleurera ; et, plus la sécrétion des pleurs sera abondante, plus elle sera exposée à périr.

Nous savons tous que souvent, dans nos contrées, certains arbres fruitiers tels que le pêcher, l'abricotier, périssent lorsque la température baisse, soit au moment de la floraison, soit même en automne. Or, ce n'est pas sur le tissu que constitue la charpente solide du végétal, que s'exerce l'action du froid, mais bien sur les liquides renfermés dans les tissus.

Dans un arbre, les couches extérieures sont peu humides et, par cela même, résistent au froid. Les couches intérieures, au contraire, l'aubier et le lilier, étant très aqueuses, sont souvent profondément altérées. Voila, la cause du dépérissement que nous constatons dans nos arbres fruitiers depuis quelques années.

Par la taille précoce, il n'y a aucune perte de sève ; tout est contenu dans les coursons au profit des yeux qui poussent au printemps avec grande vigueur des bourgeons mieux constitués que ceux qui viennent à la suite d'une taille tardive. Les premiers, forts et vigoureux résistent presque toujours à une plus basse température, tandis que les derniers, faibles et délicats, gèlent presque toujours.

Un fait arrivé à Lectoure, il y a près de douze ans, vient tout à fait à l'appui de ce que j'avance et pourra convaincre quelque incrédules.

Un propriétaire de Lectoure, M. Goux à Cailleva, avait taillé sa vigne au quartier du Gras, et très tard, bien entendu, pour la garantir des gelée tardives. Or qu'arriva-t-il? Les maudites gelées survinrent ; la vigne pleurait ; elle avait bien raison ; une mauvaise nuit donna une telle leçon au propriétaire, qui fut on ne plus étonné de trouver le lendemain une vraie chandelle de glace, de dix centimètres environ à chaque courson, c'étaient les pleurs congelées, tous les coursons avaient péri : on fut obligé de tout recéper.

Et, cependant, une vigne attenante, celle de mon confrère Gayraut, taillée plus de bonne heure, n'eut presque pas à souffrir de cette même gelée,

Ce sont, pourtant là, des leçons qui devraient porter leur fruit ; mais la routine est aveugle, mais de cet aveuglement volontaire, réprouvé aujourd'hui de tout homme intelligent.

Pour combattre cette maudite routine, qu'on me permette en finissant de poser certains principes qui tourneront, je l'espère à l'avantage de tous.

1° Les meilleures plantations pour la vigne, comme pour tous les arbres fruitiers, sont celles d'automne ou de février et mars ; planter tard, comme on le pratique dans nos contrées, c'est agir contre le vrai sens et en dépit de tout principe. Sitôt plantée on doit la tailler sur un œil ou deux au-dessus du sol.

2° Le meilleur moment pour tailler la vigne est celui qui suit la chute des feuilles ; alors il n'y a aucune déperdition de sève : tout est contenu dans les coursons au profit des bourgeons et du fruit.

3° Plus une vigne sera taillée tard, plus elle sera faible, improductive et en danger de périr par les gelées tardives.

4° Plus au contraire, elle sera taillée de bonne heure, plus elle sera vigoureuse, fertile et à l'abri des gelées.

5° Ne jamais tailler une vigne quand il gèle, surtout à une époque tardive, car on expose directement les vaisseaux sèveux, aux influences pernicieuses de la gelée.

Je ne dois pas omettre de dire que, ce qui m'a le plus frappé, dans ces expériences, c'est la quantité de raisins toujours plus abondants chaque année, grâce a la taille précoce.

Mes expériences seront continuées chaque année; et si mes lecteurs, n'ayant même en vue que leur profit particulier, veulent bien faire l'essai de la taille précoce, je serai vraiment heureux d'avoir contribué, dans la mesure de mes forces, au progrès de la viticulture dans nos contrées.

Vouloir écrire, et être jardinier, serait de la présomption sans doute ; mais comme le disait naguère M. le Préfet du Gers ; « souvent dans la plus humble sphère, on peut être utile à la société et travailler énergiquement au progrès de l'Agriculture et à la prospérité de la France. »

FIN.

CALENDRIER POUR 1867.

JOURS du mois	JANV.	JOURS du mois	FÉV.	JOURS du mois	MARS	JOURS du mois	AVRIL
1 mar.	*Circ.*	1 ven.		1 ven.		1 lundi	
2 mer.		2 sam.	Purif.	2 sam.		2 mar.	
3 jeudi		3 *Dim.*		3 *Dim.*	*Quin.*	3 mer.	
4 ven.		4 lundi	N. L.	4 lundi		4 jeudi	N. L.
5 sam.		5 mar.		5 mar.	*M. gr.*	5 ven.	
6 *Dim.*	N. L.	6 mer.		6 mer.	*Cend.*	6 sam.	
7 lundi		7 jeudi		7 jeudi		7 *Dim.*	Passi.
8 mar.		8 ven.		8 ven.		8 lundi	
9 mer.		9 sam.		9 sam.		9 mar.	
10 jeudi		10 *Dim.*		10 *Dim.*	*Quad.*	10 mer.	
11 ven.		11 lundi		11 lundi		11 jeudi	P. Q.
12 sam.		12 mar.	P. Q.	12 mar.		12 ven.	
13 *Dim.*	P. Q.	13 mer.		13 mer.	P. Q.	13 sam.	
14 lundi		14 jeudi		14 jeudi		14 *Dim.*	Ram.
15 mar.		15 ven.		15 ven.		15 lundi	
16 mer.		16 sam.		16 sam.		16 mar.	
17 jeudi		17 *Dim.*	Septu.	17 *Dim.*	Remi.	17 mer.	
18 ven.		18 lundi	P. L.	18 lundi		18 jeudi	P. L.
19 sam.		19 mar.		19 mar		19 ven.	
20 *Dim.*	P. L.	20 mer.		20 mer.	P. L.	20 sam.	
21 lundi		21 jeudi	Qu-T.	21 jeudi		21 *Dim.*	Paques
22 mar.		22 ven.		22 ven.		22 lundi	
23 mer.		23 sam.		23 sam.		23 mar.	
24 jeudi		24 *Dim.*	Sexa.	24 *Dim.*	Oculi.	24 mer.	
25 ven.		25 lundi		25 lundi	Annon	25 jeudi	
26 sam.		26 mar.	D. Q.	26 mar.		26 ven.	
27 *Dim.*	D. Q.	27 mer.		27 mer.		27 sam.	D. Q.
28 lundi		28 jeudi		28 jeudi	D. Q.	28 *Dim.*	Quasi
29 mar.				29 ven.		29 lundi	
30 mer.				30 sam.		30 mar.	
31 jeudi				31 *Dim.*	*Lœta.*		

CALENDRIER POUR 1867.

Jours du mois	MAI.	Jours du mois	JUIN.	Jours du mois	JUILL.	Jours du mois	AOUT
1 mer.		1 sam.		1 lundi	N. L.	1 jeudi	
2 jeudi		2 *Dim.*	N. L.	2 mar.		2 ven.	
3 ven.		3 lundi		3 mer.		3 sam.	
4 sam.	N. L.	4 mar.		4 jeudi		4 *Dim.*	
5 *Dim.*		5 mer.		5 ven.		5 lundi	
6 lundi		6 jeudi		6 sam.		6 mar.	
7 mar.		7 ven.		7 *Dim.*		7 mer.	P. Q.
8 mer.		8 sam.	*Vig-j.*	8 lundi	P. Q.	8 jeudi	
9 jeudi		9 *Dim.*	Pent	9 mar.		9 ven.	
10 ven.	P. Q.	10 lundi		10 mer.		10 sam.	
11 sam.		11 mar.		11 jeudi		11 *Dim.*	
12 *Dim.*		12 mer.	*Qua-t.*	12 ven.		12 lundi	
13 lundi		13 jeudi		13 sam		13 mar.	
14 mar.		14 ven.		14 *Dim.*		14 mer.	*Vig.-j.*
15 mer.		15 sam.		15 lundi		15 jeudi	ASSO.
16 jeudi		16 *Dim.*	Trin.	16 mar.	P. L.	16 ven.	
17 ven.		17 lundi	P. L.	17 mer.		17 sam.	
18 sam	P. L.	18 mar.		18 jeudi		18 *Dim.*	
19 *Dim.*		19 mer.		19 ven.		19 lundi	
20 lundi		20 jeudi	F.-D.	20 sam.		20 mar.	
21 mar.		21 ven.		21 *Dim.*		21 mer.	
22 mer.		22 sam.		22 lundi		22 jeudi	D. Q.
23 jeudi		23 *Dim.*		23 mar.		23 ven.	
24 ven.		24 lundi		24 mer.	D. Q.	24 sam.	
25 sam.		25 mar.	D. Q.	25 jeudi		25 *Dim.*	
26 *Dim.*	D. Q.	26 mer.		26 ven.		26 lundi	
27 lundi	*Roga.*	27 jeudi		27 sam.		72 mar.	
28 mar.		28 ven.		28 *Dim.*		28 mer.	
29 mer.		29 sam.		29 lundi		29 jeudi	N. L.
30 jeudi	Ascen.	30 *Dim.*		30 mar.		30 ven.	
31 ven.				31 mer.	N. L.	31 sam.	

CALENDRIER POUR 1867.

JOURS du mois	SEPT.	JOURS du mois	OCTO	JOURS du mois	NOV.	JOURS du mois	DÉC.
1 *Dim.*	·	1 mar.		1 ven.	*La Tous*	1 *Dim.*	*L'Avent*
2 lundi		2 mer.		2 sam.	*L. Morts*	2 lundi	
3 mar.		3 jeudi		3 *Dim.*		3 mar.	
4 mer.		4 ven.		4 lundi	P. Q.	4 mer.	P. Q.
5 jeudi	P. Q.	5 sam.	P. Q.	5 mar.		5 jeudi	
6 ven.		6 *Dim.*		6 mer.		6 ven.	
7 sam.		7 lundi		7 jeudi		7 sam.	
8 *Dim.*		8 mar.		8 ven.	*V.S.R*	8 *Dim.*	*Concep.*
9 lundi		9 mer.		9 sam.		9 lundi	
10 mar.		10 jeudi		10 *Dim.*	*Dédicace*	10 mar.	
11 mer.		11 ven.		11 lundi		11 mer.	P. L..
12 jeudi		12 sam.		12 mar.	P. L.	12 jeudi	
13 ven.		13 *Dim.*	P. L.	13 mer.		13 ven.	
14 sam.	P. L.	14 lundi		14 jeudi		14 sam.	
15 *Dim.*		15 mar.		15 ven.		15 *Dim.*	
16 lundi		16 mer.		16 sam.		16 lundi	
17 mar.		17 jeudi		17 *Dim.*		17 mar.	
18 mer.		18 ven.		18 lundi	D. Q.	18 mer.	*Qu-T*
19 jeudi		19 sam.		19 mar.		19 jeudi	
20 ven.		20 *Dim.*	D. Q.	20 mer.	·	20 ven.	
21 sam.	D. Q.	21 lundi		21 jeudi		21 sam.	
22 *Dim.*		22 mar.		22 ven.		22 *Dim.*	
23 lundi		23 mer.		23 sam.		23 lundi	
24 mar.		24 jeudi		24 *Dim.*		24 mar.	*Vig-j.*
25 mer.		25 ven.		25 lundi		25 mer.	NOEL.
26 jeudi		26 sam.		26 mar.	N. L.	26 jeudi	
27 ven.	N. L.	27 *Dim.*	N. L.	27 mer.		27 ven.	
28 sam.		28 lundi		28 jeudi		28 sam.	
29 *Dim.*		29 mar.		29 ven.		29 *Dim.*	
30 lundi		30 mer.		30 sam.		30 lundi	
		31 jeudi	*Vig-j.*			31 mar.	